JN193070

科学のタネを育てよう 4

校庭の土と畑の土はどうちがう

森 圭子／著

物語でわかる
理科の自由研究

少年写真新聞社

はじめに

この本は、ノーベル物理学賞を受賞した科学者・朝永振一郎博士が子どもたちに向けて書いた次の言葉を、実際の自由研究の流れに当てはめて、物語にしています。

ふしぎだと思うこと　これが科学の芽です
よく観察してたしかめ　そして考えること
これが科学の茎です
そうして最後になぞがとける　これが科学の花です

朝永振一郎※

「ふしぎ」なこと＝科学のタネは、身のまわりにいっぱいあります。イモムシがどのようにしてチョウに変わるのか、夜の星空がどこまで続くのかなど、数え上げればきりがありません。「ふしぎ」なことの正体を探る＝なぞを解くことは、理科の研究とまったく同じです。

この本は、科学のなぞの探り方をまとめたガイドブックのようなものです。科学のタネから出た芽を育て、茎を伸ばし、なぞが解けて花が咲くまでを物語にしています。

理科の自由研究だけではなく、みなさんが社会に出て、答えのない課題に取り組まなくてはならないときに、この「科学のなぞの探り方」が、きっと役に立つでしょう。

星、風、水、動物、植物、岩石、土……。地球にはさまざまな形の“自然”があり、私たちのまわりには、たくさんの「これ、なに？」があります。もしかしたら、そのことはすでに知られていることかもしれません。けれども、それをあなたが「発見する、考える、知る」ことがとても大切なのです。

物事を発見したり、知ったり、わかったりすることは、あなたの世界を広げます。世界が広がると、きっとなんだか楽しい気持ちになるでしょう。それは素敵なことなのです。この本が、身のまわりにある自然を発見して、それを知るきっかけになり、みなさんの人生が豊かになる小さな手助けになれば、とてもうれしく思います。

森 圭子

※出典：朝永振一郎（1980）『回想の朝永振一郎』松井巻之助 編、みすず書房

もくじ

この本の使い方

この本では、ひとつのふしぎを追いかける子どもたちの研究の流れが描かれています。

★実験・観察コーナー

物語の中で登場人物が考えた実験・観察です。〈用意するもの〉、〈実験方法〉をよく読んで、結果の予想（仮説）を立ててみましょう。実際に挑戦してみるのもよいでしょう。

★研究の物語

登場人物が、話し合いや実験・観察をしながら、ふしぎを解明していきます。読み手のあなたも、その場にいる気持ちで読んでみましょう。

---

8 新たな実験をする

土の粒を分ける

ヒナは、土を水の中でふるいにかけるようにして、粒の大きさを調べることを思いつきました。お父さんにも相談して、実験の方法を決め、必要なものをそろえました。

土の粒の大きさを分けて調べる

用意するもの 15cm×15cmほどのプランクトンネット※1（目開き〔目の細かさ〕0.05mm※2）4枚、輪ゴム4つ、深い紙皿4枚、スプーン、キッチンペーパー、はかり（0.1gまではかれるもの）、ボウル、バケツ、バット、タオル、水（水道水）、乾燥させた土

実験方法

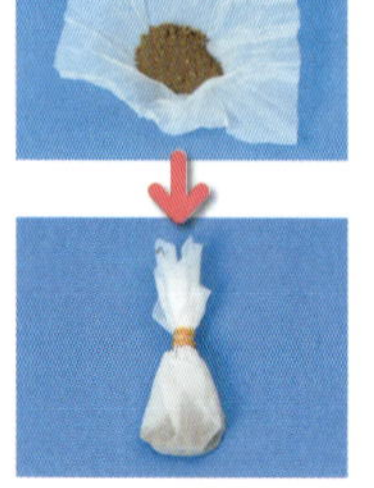

1. プランクトンネットと輪ゴムの重さをはかる。プランクトンネットには、土の採取場所がわかるように油性ペンで記入しておく。
2. スプーンで紙皿に土を入れながら、10.0gの土をはかる。
3. プランクトンネットに土をのせてくるみ、輪ゴムでしばる。
4. ボウルに水をはり、その中でプランクトンネットをもんで土を洗う。
5. 水を取り替え、にごらなくなるまで土を洗う※3。
6. プランクトンネットに包んだままの土をタオルでふき、バットに入れて、そのまま水気がなくなるまで乾かす。
7. 土が乾いたら、はかりでプランクトンネットと輪ゴムごとはかる。プランクトンネットと輪ゴムの重さを引いておく。

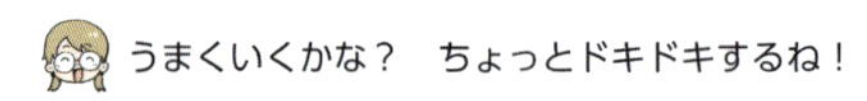

プランクトンネットを15cm×15cmに切るね。

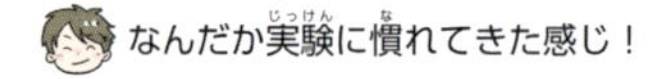

※1 プランクトンネットは高価なので、学校や家族の人に相談しましょう。0.02mmのプランクトンネットもありますが、より高価になります。目の細かさが一定で、その大きさがわかっているものなら代用できます。
※2 アメリカの基準では0.05mm以上の大きさのものを砂と定義しています（砂の定義は36ページ参照）。

30

登場人物

元気いっぱいの小学校５年生

３人の担任の先生

水の中で、しっかりプランクトンネットをもんで、細かい粒を洗い流すよ。

何度やっても茶色の水が出てくるよ！ 粘土っぽいね。

林の土は、プランクトンネットの中にあまり残ってないよ！

洗った後に残った粒。校庭（左）、ダイズ畑（右）。

土を洗い終わった後は、タオルで水気をぬぐい、バットに入れます。そして１日かけて乾かします。

ネットに残った「粒」の重さは、土によってずいぶんちがうんだね。

プランクトンネットに残ったつぶの重さ

	校庭	ダイズ畑	ネギ畑	林
10g中の重さ（わり合）	7.4g（74%）	4.8g（48%）	4.2g（42%）	1.6g（16%）

土が水をためる量を調べる

３人は、さらに「土が水をためる量」を比べる実験をすることにしました。

さあ、土に水をかけて出てくる量を調べるよ。出てくる水の量が少ないほど、土の中に水をためられることになるね。
また、仮説を立てようよ。

畑の土が、いちばん水をためるような気がする！ 畑の作物には水が必要だから。

私は、林の土だと思うよ。大きな木が生えるくらいだから。

※3 ボウルの中の泥水はバケツに入れます。手洗い場所に直接流さないようにします。

31

★研究ノート

登場人物が実験・観察の記録や話し合いの内容をまとめたノートです。どうして実験をしたのか、なにを使ったのか、どんな方法で実験をしたのか、そこからなにがわかったのかをあとでふり返ることができます。あなたの自由研究の参考にしてみましょう。

くり返し読んでみよう

１回目　登場人物のなぞ解きを楽しむ

なぞを解いていくおもしろさを感じながら、物語を読んでみましょう。

２回目　研究の進め方を確かめる

あなたの自由研究に取り組む前に、研究の進め方を確かめながら読んでみましょう。

３回目　研究の進め方をふり返る

自由研究に取り組んだあとに、研究の進め方をふり返りながら読んでみましょう。良かった点、悪かった点を見つけたら、次の自由研究に役立てましょう。

1 科学のタネを発見！

草が生えていないのは土のせい？

もうすぐ夏休み。ユイ、ヒナ、ヒロトは、クラスの花だんの草取りをしています。

花だんにはいろいろな草が生えているけれど、校庭には草がないね。

花だんは土で、校庭は土じゃないのかな？

先生は校庭の土って言っているよ。土ってみんな同じものと思っていたけれど……。

よく見ると、花だんの土と校庭の土はちがう気がする。

本当だね。でも、なにがちがうんだろう？

ねえ！　「土のちがいを調べる」って、理科の自由研究のテーマにならないかな？

ちょっと難（むずか）しそうだね。どんなことを調べたらいいんだろう。

先生に相談してみようか？

先生！　自由研究のテーマは、「土を調べる」でもいいですか？

いいわよ。でも、土のなにを調べるの？

さっき、花だんの草取りをしていて思ったんです。花だんには草が生えているけれど、校庭には草が生えていないのはなぜだろう。花だんの土とどこかちがうのかな、って。

校庭（上）と、花だん（下）

なるほどね。先生も土のことはよくわからないけれど、みんなが知らないおもしろいことがわかるかもしれないね！
学校の花だんより畑のほうが、ちがいがよくわかるかもしれないよ。
学校の近くの農家のお宅(たく)に、畑を見せてもらえないか、聞いてみようか？

先生、お願(ねが)いします！

テーマは「土のちがいを調べる」に決定だね。

土のちがいを調べれば、校庭に草が生えていない理由がわかるかもしれないね。

2 身近な土を観察する

校庭の土を調べる

３人はまず、校庭の土を観察することにしました。先生に土を掘ってもよいところを確認し、いよいよ調査開始です。

校庭の土は、かたい感じがするね。

このところ雨も少ないから、乾いた感じもあるよ。

上からさわるだけだと、よくわからないなあ。下のほうも乾いているのかな。

少し掘ってみようよ。

エイッ！　かたくて掘りにくいや。でも、掘れないことはないよ。

掘った土は、意外とさらさらしているんだね。もっとかたまりになっているのかと思った。

さわってみるとざらざらしているよ。

生きものはいないのかなあ？

いないみたいだね。

どうしていないのかなあ……。
後で校庭の土と畑の土を比べられるように、
少し土を袋に取っておこうよ。

研究ノートを作って、観察したことも記録
しておくね。

ダイズ畑の土を調べる

先生が土の採取をお願いした農家のお宅にやってきました※1。

山田さん、いつもありがとうございます。こちらが農家の山田さん。

こんにちは。よろしくお願いします！

どうぞ、どうぞ。土を研究するなんて、すごいねえ。
ダイズの苗をひっくり返さなければ、畑の土を取っていいですよ。

ありがとうございます。

わあ、なんだか、やわらかそうな土だね。

やわらかいよ。ほら、手でも少し掘れるよ。

手ざわりは、ぼろぼろした感じ？　校庭より
軽くて、かなりしっとりしているね※2。

ダイズ畑の土の様子

※1 土を採取するときには、土地を管理している人に必ず許可をもらいます。また、種をまいたところでは取らない、畝（土を盛り上げたところ）の上を歩かないなどに注意します。作物を栽培している場合は、作物と作物の間の土を採取しましょう。土の採取後は、掘った土を埋め戻します。
※2 調査や実験のあとには、手をよく洗いましょう。

確かに、軽い感じだね。色は、少し黒っぽいかな？

茶色かな。校庭の土はもっと白っぽかったよね。
あれ？　ヒロト、なにをしているの？

いやあ、土ににおいがあるのかなと思って、かいでみた。ダイズのにおいとかさ。でも、あんまりしなかった。そうだな、ちょっと湿った土のにおいだな。

そのまんまじゃない！

ほかになにかないかな？　あっ、いま、なにか動いた！　すごく小さな虫がいたよ！

ダイズの根っこも発見！

なんだか校庭とはずいぶんちがうね。

これも研究ノートに書いておくね！

3人は、それぞれの研究ノートに記録しました。

観察したことを表にしてみると、校庭と畑の土のちがいが少し見えてくるね。

でも、これだけだと、なんだか理科の「研究」らしくないね。

校庭の土と畑の土を比べる　○月○日

調査者：ユイ、ヒナ、ヒロト

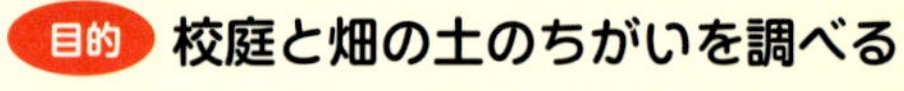
目的 **校庭と畑の土のちがいを調べる**

場所／調べること	校庭の土（○月○日晴れ）	ダイズ畑の土（○月○日くもり）
かたさ（ほったとき）	●かたい ●スコップがかん単に入らない	●やわらかい ●スコップが入りやすい
しめり気	●かわいている	●しめった感じ
手ざわり	●さらさらしている ●ざらざらしている	●ぼろぼろした感じ ●気持ちがいい
色	●よく見ていなかった ●取ってきた土は、白っぽいはい色やうす茶色	●茶色
におい	●においをかがなかった	●少ししめっぽいにおい ●あまりにおわない
その他	●生きものはいない感じがする	●軽い感じがする ●生きものがいる ●植物の根がある

もっと「科学的」にできないのかな？

いまは、全部「主観的」に書いているから、そう感じるんだと思うよ。

「主観的」というのは、自分ひとりの見方や感じ方。「科学的」な調べ方とは、だれがやっても同じ結果が出るような「客観的」な調べ方をすることです。
たとえば、「土のかたさ」も「かたい」「やわらかい」ではなくて、はかってみて数字で示します。
科学には、いろいろな調べ方があるから、「土をどのように比べるか」というモノサシを、きちんと考えるのは、とても大事なんですよ。

土を「科学的に比べるモノサシ」を考えるということですね！

3人は、山田さんにも研究ノートを見てもらいました。

なるほど。ただ、畑といっても、場所によって手ざわりはちがうよ。せっかくなら、畑も２か所を調べてみたらどう？
ここは川のそばだけれど、少し高いところの畑もある。昔、ぼくのおじいさんが林を畑にしたところなんだ。

ありがとうございます！

比べる土が増えて、おもしろいかも！

いま、みんなで話していたんですけれど、「土をどのように比べるか」を少し考えたいと思っているんです。
もうひとつの土を観察するのは、別の日にお願いしてもよろしいでしょうか？

もちろん、いいですよ。

3 土を比べる「モノサシ」を考える

3人で土の比べ方を考える

3人は、土を「科学的に比べるモノサシ」について考えてみることにしました。

まず、かたさの比べ方。校庭や畑では、スコップが入るかどうかを比べたけれど、もっといい方法があるのかな？

スコップよりもう少し刺さりやすいものがいいね。

割り箸はどうかな？ 長いし、どれも同じ長さだし。

少し先がとがっている割り箸が、地面に刺さりやすいんじゃない？

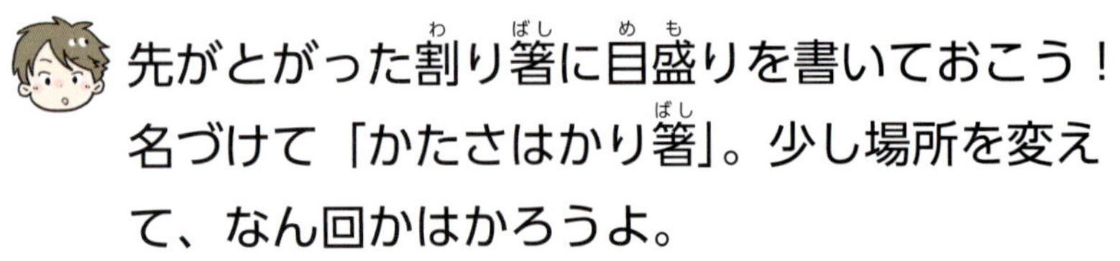

先がとがった割り箸に目盛りを書いておこう！ 名づけて「かたさはかり箸」。少し場所を変えて、なん回かはかろうよ。

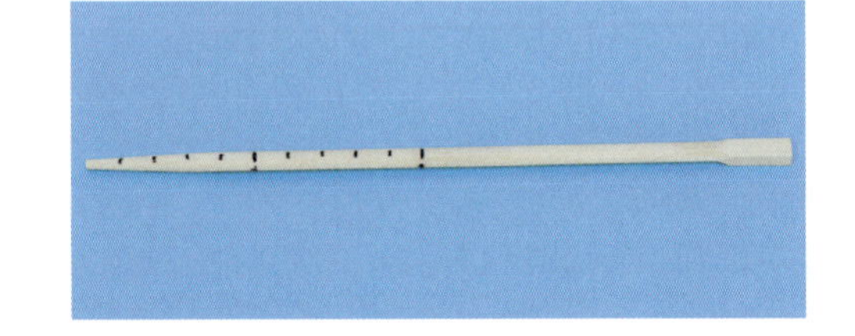

次は、湿り気か。これは、湿っている土と、その土を乾かしたときの重さの差で、はかるのはどうかな？　その重さの差が、水の量になるね。

……ということは、湿り気は、「雨が降った日」と「晴れが続いた日」はちがう結果になるんじゃない？　校庭は「乾いている」と記録したけれど、雨の後だったらちがう結果になるよね。それなら、土を取るのは雨が降ってしばらくしてからで、どの土も同じ日に取るのはどうかな？

なるほど！　いいね。

軽い感じがしたというのを、同じ量の土の「重さ」で比べられるかな？

土の手ざわりを、なにかではかれないかな？
それから、土を掘ったときに見つけた、小さな生きものも調べられないかな？

どうやったら調べられるか、先生に相談してみよう！

3人は先生に相談して、土の中の小さな生きものを調べるときに使う「ツルグレン装置」のことを教わりました。そして、土を調べる「モノサシ」を次のように決めました。

みんな、いろいろ考えましたね。まずは観察することが、研究をするうえでとても大切なことなんですよ。
それをもとに観察や実験を考えて、「どういう結果になるか」という予想（仮説※）を立てましょう。いまの自分の考えが正しいかどうかが、実験で確かめられるかもしれないからね。
調べ方がわからないものは、研究を進めながら考えてもよいですよ。

土を調べる「モノサシ」の決定　○月○日

参加者：ユイ、ヒナ、ヒロト

時期／調べること	土を取るときに調べること	土を取ったあとに理科室で調べること
かたさ（5回はかる）	どのくらいの力でわりばしが土の中に入るか、深さを記録する（かたい場合は金づちでわりばしを10回ずつたたいて、何cm入るかを記録する）。	
しめり気	しめっている、少ししめっている、かわいているなど、感じたことを記録する。	決めた重さの土をかわかしてから、土の重さをはかる。
手ざわり	感じたことを記録する。	（考え中）
色	見た色を記録する。写真をとる。	ならべて比べる。写真をとる。
におい	感じたことを記録する。	
重さ		決めた体積の土の重さをはかる。
生きもの	見つけた生きものを記録する。	ツルグレンそう置を使う。どれくらいの生きものがいるかを調べる。
周囲の様子	日付、地形、天気、植物（作物）を記録し、写真をとる。	

土の採取…ふくろに土を取る（2Lくらい、口をとじる）。生きもの用に、小スコップ１すくいを別に取る。

わかりました！

そうだ、林の土も調べてみようよ！　お母さんが、自然観察センターの林に連れていってくれるって。

おもしろそう！　賛成！

※ あることがらに対して、「こうだから、こうなる」など、それを説明するために予想した仮の考え方。実験や観察の前に、それまでにわかっていることなどをもとにして考えます。実験や観察で仮説を確かめていきます。

4 決めたモノサシを使った観察と土の採取

再び校庭と畑へ

3人は雨が降った数日後、まず校庭へ行きました。校庭で前回の観察結果を「モノサシ」の内容に沿って確かめ、土のかたさを5か所ではかります。

では、「かたさはかり箸」を刺すよ！　むむ、かたい。
土の中に2cmぐらい……入ったかなあ。

1回だと、あんまり変化はないなあ。同じくらいの力で10回たたける？

じゃあ、金づちで上から1回、軽くたたいてみるね。

合計10回たたいて、土に入ったのは4cm……と記録しておきます！

そして3人は、山田さんの2つの畑（ダイズ畑とネギ畑）へ行き、土のかたさをはかりました※1。両方の畑で、3人で決めた「モノサシ」の内容に沿って調べて記録し、土を採取しました。

※1 袋には、土を採取した日付と場所、採取者の名前を油性のペンで書いておきます。

自然観察センターの林へ

翌日は、自然観察センターの林へ行きました※2。ヒロトのお母さんがいっしょにきてくれました。自然観察センターの山口さんが、土を掘る許可の出た場所へ案内してくれます。

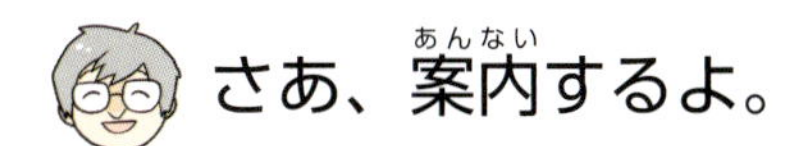

さあ、案内するよ。

お願いします！

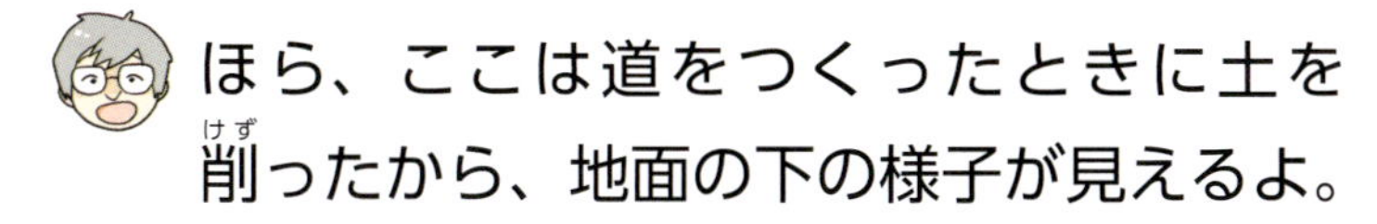

ほら、ここは道をつくったときに土を削ったから、地面の下の様子が見えるよ。

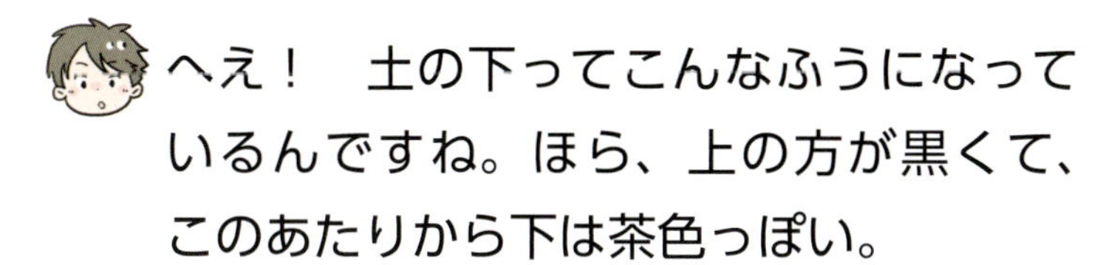

へえ！　土の下ってこんなふうになっているんですね。ほら、上の方が黒くて、このあたりから下は茶色っぽい。

本当だ！

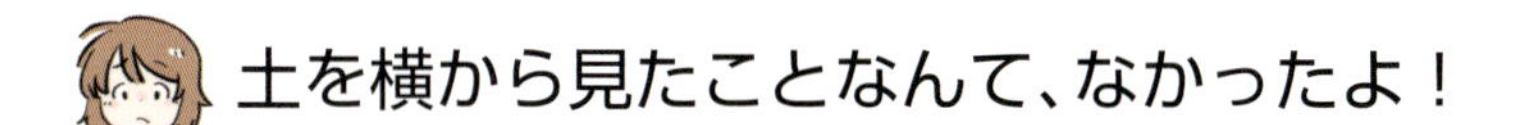

土を横から見たことなんて、なかったよ！

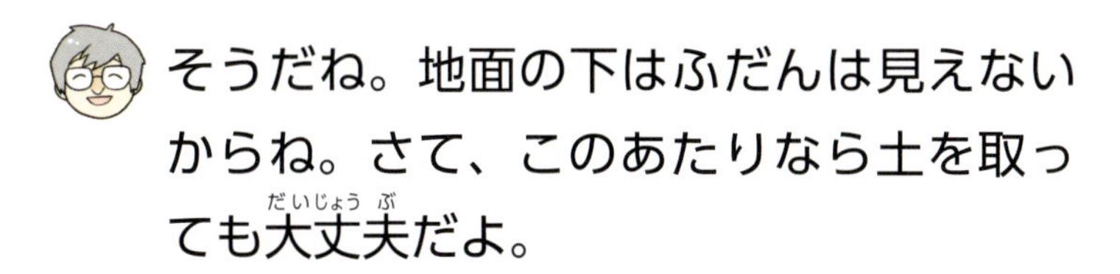

そうだね。地面の下はふだんは見えないからね。さて、このあたりなら土を取っても大丈夫だよ。

自然観察センター

土の層を横から見たところ

林の土を調べる

地面には落ち葉がいっぱいあるんだね。ほら、この落ち葉、すごく薄くて、ちょっとキレイ！

いいところに気づいたね！　土を調べるなら、落ち葉も観察しておくといいよ。

※2 森や林などで土を採取するときは、長袖・長ズボンを着用し、帽子をかぶります（場合によっては長靴をはきましょう）。水分補給や虫よけ対策にも気を配りましょう。

この落ち葉は、色が白っぽいところと茶色っぽいところがあるよ。あれ、この穴は虫が食べたのかな。

それは虫が食べた穴だよ。
落ち葉や土の中には、いろいろな虫がいるよ。

穴があいた落ち葉

白と茶色の落ち葉

落ち葉も、あの「ツルグレン装置」にかけられるのかなあ？

ツルグレン装置を使うの？　すごいね！　落ち葉も、土と同じようにかけられるよ。

じゃあ、落ち葉も袋に入れて持ち帰ろう※。落ち葉を取った広さも記録しておこう。ものさしではかって、20cm×20cmくらいかな。

ちょっとはみ出す葉っぱもあるけれど、いいんじゃないかな。

土や落ち葉を採取する場所をひもやものさしで示し、採取後にその広さを記録します。

すっと入るところも
あれば、少しかたい
ところもあるよ。

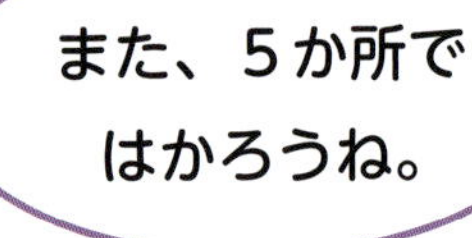

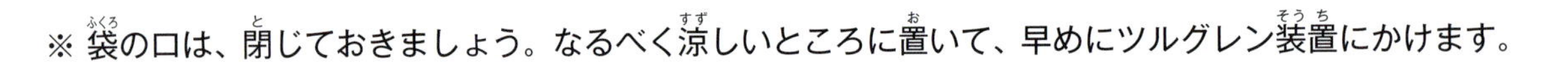
※ 袋の口は、閉じておきましょう。なるべく涼しいところに置いて、早めにツルグレン装置にかけます。

3人は土を取り始めました。

落ち葉を除いた下の土を取るよ。落ち葉の厚さがどのくらいだったのかも、記録しておこう。

さて、土の色は、……こげ茶色かな？

手ざわりは、……しっとりふかふかした感じ。砂粒も感じるけど。にゅるっとした感じもあるよ。

落ち葉の層の下に土があります。

地面のすぐ下には根があります。

湿り気は畑と同じかな。ひんやりしている。あっ。ミミズがいた！

本当だ！　生きものがいるんだね。

次は、においだね。んー。なんだかいいにおい。なんのにおいに似ているのかなあ？

どれどれ。うーん、……キノコのにおい？

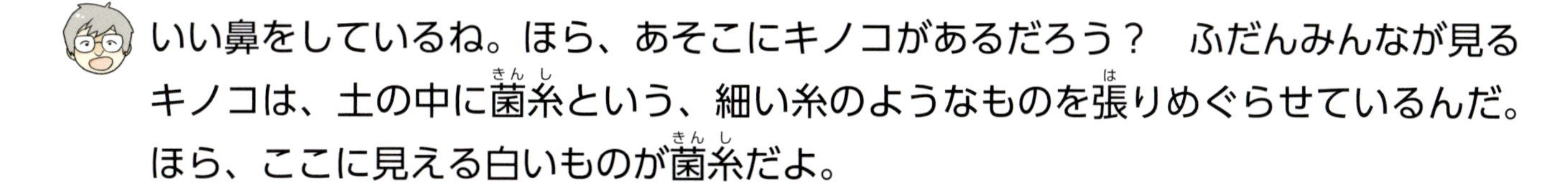
いい鼻をしているね。ほら、あそこにキノコがあるだろう？　ふだんみんなが見るキノコは、土の中に菌糸という、細い糸のようなものを張りめぐらせているんだ。ほら、ここに見える白いものが菌糸だよ。

すごい！　キノコはそんなに土の中に広がっているんだね。

3人は、林の土をじっくり観察したあと、土を採取しました。木の名前も、教えてもらいました。

落ち葉を分解するキノコ（オチバタケの仲間）（左）と、白い菌糸（右）

5 土を詳しく調べる（1）

土の湿り気を調べる準備

3人は、採取した土を理科室に持ってきました。記録のためのカメラも持ってきています。理科室を使うので、先生もきてくれました。

最初に、「湿り気」を確かめよう。湿った土と乾いた土の重さをはかるんだよね。

湿り気をはかる

用意するもの 深い紙皿４つ、スプーン、はかり（キッチン用）、キッチンペーパー（スプーンをふくため※1）、新聞紙、採取した土

実験方法

1. 紙皿に土を採取した場所を書く※2。
2. 採取した土を、重さをはかって記録した紙皿に入れ、それぞれの土の重さが100gになるようにする。
3. 土にゴミが入らないように全体に新聞紙をかけて、数日間、屋外で乾かす。
4. 土全体が乾いたら、重さをはかる。紙皿の重さを引いておく。
5. 湿った土の重さから乾いた土の重さを引いて、ふくんでいた水の重さを算出する。

土を100gずつはかり取ります。

紙皿の重さをはかって、表示を0にしてから土を入れると、土の重さだけをはかれるよ。

さすが！　確かに、紙皿の重さを記録しておけば、あとでそのままはかれるね。

※1 別の土をはかるときは、スプーンをふいてから使います。
※2 試料の土には、きちんと採取場所を書いておかないと、どれがどれだかわからなくなります。実験するときには、きちんと採取場所のラベルをつけます。

３人は、紙皿に少しずつ土を入れて、それぞれの土を100gずつはかりました。

土を取っていたときは、校庭の土がいちばん乾いているみたいだったよね。次がネギ畑の土、林の土で、いちばん湿っているように感じたのがダイズ畑の土……。

同じ100gでも、ダイズ畑の土は校庭の土より量が多いみたいだね。

ということは、ダイズ畑の土のほうが軽いってことだ！　むむ、湿っていて水が多いはずなのに、土は軽いということか!?

そっか！　そうなるね。結果が楽しみ！

はかり取った土は、校舎の裏に置いて乾かしました。人があまり通らないところです。土の上には、名前と「実験中」と書いた紙を置いておきました。

土の色を観察する

次は、土の「色」を比べよう！
こうやって白い容器に土を入れると、色がわかりやすいよ。

これも写真に撮っておこう。色も記録しておこう。

土の重さを調べようとしたけれど……

次は、土の「重さ」！　ビーカーに同じ量の土を入れて、重さをはかるといいんだね。100mLのビーカーに土を入れてみるよ。

ダイズ畑の土にはかたまりがあります。

ダイズ畑の土って、ぼこぼこした大きなかたまりがあるね。校庭の土にも少しかたまりはあるけれど、なんだかさらさらしている感じだったよね。ダイズ畑の土のかたまりをつぶしておいたほうがいいんじゃない？　すき間がいっぱいあるよ。

確かに、かたまりが大きくて、100mLの目盛りのところできっちりはかるのが難しいね。
土のかたまりも、少しつぶしておこうよ。

それにさあ……、さっき、湿り気を調べていたけれど、「湿っている土」と「乾いている土」では、「乾いている土」のほうが軽くなるよね。

そうだよね……。「土」の重さをはかるときは、湿り気がない「乾いている土」ではかろうよ。

まず、「重さ」をはかるための土を乾燥させよう。

3人は、残りの土の半分くらいを乾かすために、新聞紙とバットを準備しました。そして、湿り気をはかる土と同じように置いておきました※。

※ バットに新聞紙を折りたたんで敷き、土を新聞紙ではさむように入れます。上には、石などで重しをして、風通しのよい場所で乾かします。

土の粒を調べる

土の「手ざわり」はどうしようか。さわると土の粒の大きさがちがう感じがしたのだけれど……。

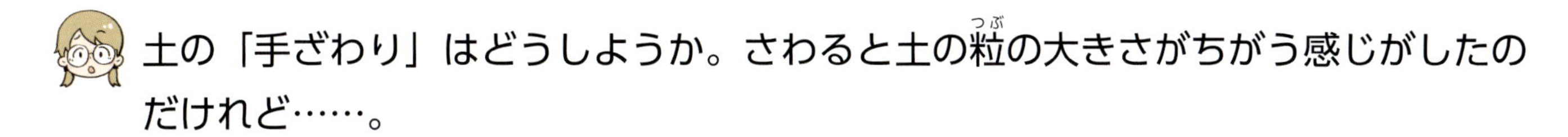

確かに！　土の粒の大きさは、ルーペで見たらわかるかもしれないよ。

先生にルーペを貸してもらい、みんなはそれぞれの土をシャーレに移して見てみました。

粒の大きさは……なんとなくわかるよ。校庭の土は、ガラスのかけらみたいなのがあって、白っぽい粒や黄色っぽい粒がある。でも、細かい粉をかぶっていてわかりづらい。

畑の土は、キュッとかたまりになって、ひとつひとつの粒というより集まっている感じ。キラキラした小さい粒もある。

このかたまりをばらばらにできれば、粒の大きさがもっとわかるのかなあ。

少し水をかけてみよう！

あれ、校庭の土は水と土が別べつの感じ？
畑や林の土は水を吸い込んで合体するみたいだ。

校庭の土の拡大写真

本当だ！　水のしみ込み方は、土によってちがうんだね。

それも調べられるかな?!　でも、まずは土の粒だね。ビーカーにたくさん水を入れて、かたまりをつぶしてみる？

割り箸の先でつついてみようか。

つぶすのがたいへんだね。……でもつぶすと、底に砂粒がたまって見えるよ！
もっと思いきりばらばらにできないかなあ。

なにかに入れて、ふってみたら？

それいいかも！　ペットボトルでできるんじゃない？

それだ！

土の生きものを調べる

よし！　ツルグレン装置で「生きもの」を調べよう！　ツルグレン、ツルグレン。

ツルグレン装置を使って生きものを調べる

用意するもの　三脚（アルコールランプ用４つ）、厚紙４枚、ガーゼ４枚、使い切りカイロ12個、消毒用アルコール、シャーレ４つ、採取した土、実体顕微鏡

実験方法

1. 厚紙、ガーゼ、三脚、シャーレを写真のようにセットする。厚紙は、メガホンのような形にする。これを４つ用意する。
2. 土を、そっとガーゼの上にのせる。土の採取場所がわかるようにしておく。
3. 土の上に、発熱した使い切りカイロをのせる（温度が下がったカイロは、こまめに取り替える）。
4. シャーレには消毒用アルコールを入れ、乾きそうになったらつぎ足す。
5. 静かな場所に２日間置いておき、シャーレに落ちた生きものを、実体顕微鏡で観察する。

理科実験用のツルグレン装置もあります。

これでセット完了だね。２日後にまた観察しよう！

土を詳しく調べる（2）

土の色を比べる

2日後、3人は再び集まって、研究を続けます。

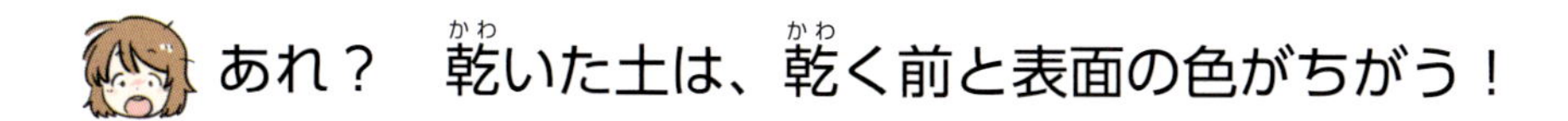
あれ？　乾いた土は、乾く前と表面の色がちがう！

本当だ。乾いているのと湿っているのでは、ちがって見える。

土の色は、乾いている土と湿っている土の両方で比べてみようよ。

土をどうやって湿らせようか。

霧吹きで少しずつ水をかけるのはどうかな？

土の湿り気を調べる

次は、乾いた土の重さと湿った土の重さを比べて「湿り気」を調べるんだね。その前に、どういう結果になるか、予想しよう！　仮説を立ててみようよ。

校庭の土は、さらさらしているよ。だから、水は少ないんじゃないかな。

校庭の土はほとんど水がなくて、畑の土と林の土は、同じくらいじゃないかな？

手でさわったとき、いちばん湿っていたと感じたのはダイズ畑の土だったよ。林の土も湿った落ち葉があるから、ダイズ畑の次に水分が多いんじゃないかな。

100gの土をかわかす前後の重さと水のわり合※

	校庭	ダイズ畑	ネギ畑	林
かわかす前	100g	100g	100g	100g
かわかした後	96g	78g	70g	64g
水のわり合	4%	22%	30%	36%

割合で表すとわかりやすいね。

やっぱり校庭の土はいちばん変化がないね。湿り気が少なくて、乾いていたんだ。

さわった感じではダイズ畑がいちばん湿っていると思ったけれど、林がいちばん湿っていたんだね。

校庭の土にも少しは水があるんだね。

※ 最初の土の重さを100gにすると、乾かした後との重さの差が水の重さとしてそのまま割合で表せます。ただし、ここで計算した水の重さは、乾燥させたときの気温で失われる水の量です。乾いた土にも水が残っている可能性があります。

土の重さを調べる

今度は、どの土が重いかを調べよう。私は、かたい感じの校庭の土がいちばん重いと思う。

落ち葉の多い林の土がいちばん軽いんじゃないかな。

ネギ畑の土がいちばん軽い感じがしたよ。ほくほくして根っこも多かったし。

あっ、そういえば畑の土に石が入っていたよ。それだけで重くなりそう。

そうだね。じゃあ、石は外して、大きなかたまりもつぶしておこう。

土の重さをはかる

用意するもの ビーカーまたは計量カップ（100 ～ 200mLで透明のもの）、スプーン、キッチンペーパー、はかり（キッチン用）、乾燥させた土

実験方法

1. ビーカーをはかりにのせて、0にする。
2. 石を除き、大きな土のかたまりは指でつぶして、ビーカーの100mLのところまでスプーンを使って土を入れる。
3. 土の重さを記録する。

校庭の土より畑の土が軽いけれど、林の土はもっと軽い！なぜだろう？

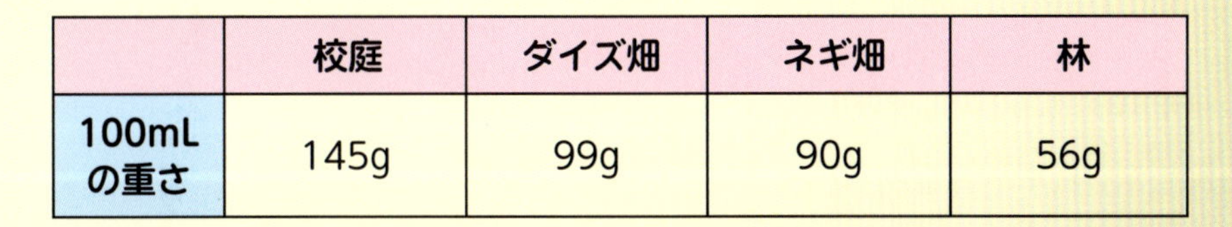

	校庭	ダイズ畑	ネギ畑	林
100mLの重さ	145g	99g	90g	56g

もしかしたら粒の大きさと関係があるのかな？

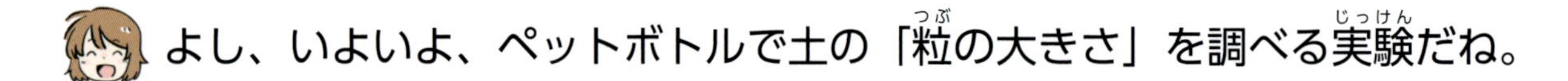

土の粒の大きさを調べる

よし、いよいよ、ペットボトルで土の「粒の大きさ」を調べる実験だね。

ねえ、さっき石を除いたでしょう？　石と砂って、どうやって区別するのかな？

うーん。ちょっとごつごつしたのは石？

大きさで分けられないかな？　すごく小さい石は砂とか。

とりあえず、1 ～ 2cmぐらいの石は除いて実験しよう。「重さ」を調べるときも、そのぐらいの石を外したよね。「石と砂は、なにがちがうのか」、これも疑問として研究ノートに書いておこう！

さあ、土の「粒の大きさ」を調べよう。100gの土で調べてみようか。

土の粒の大きさを調べる

用意するもの　500mLペットボトル4本（でこぼこが少なく、同じ形のもの。ラベルをはがしておく）、はかり（キッチン用）、深い紙皿4枚、紙、スプーン、キッチンペーパー、500mLメスシリンダーまたは計量カップ、水（水道水）、乾燥させた土、懐中電灯

実験方法

1. ペットボトルに土を採取した場所を書く。
2. 乾燥させた土を100gずつ用意する。
3. 紙をメガホンの形にして、ペットボトルにさす。
4. ペットボトルに土を少しずつ入れ、全部を入れたら紙を外す（紙についている土もペットボトルの中に落とす）。
5. 300mLの水をはかり、ペットボトルに注ぐ。
6. ふたを閉めて、30秒～ 1分間、ペットボトルを激しくふる※。
7. 静かなところに置いておき、10分たってから観察する。懐中電灯で照らすとよく見える。

※ 4本のペットボトルをふる時間の長さは、すべて同じになるようにします。

10分後

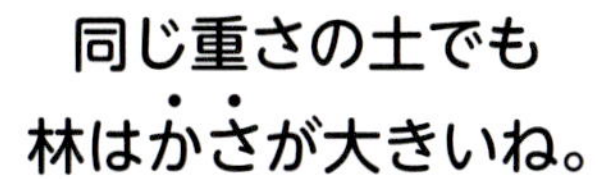

下の方に砂粒が
沈んでいる。
重いんだね。

校庭　ダイズ畑　ネギ畑　林

林の土は、葉っぱの
かけらがたくさん
浮いている！

えーと、校庭の土の下の方には大きい粒がある。これは砂かな。上の方は粒が細かい感じだよ。

畑の土は、下の方の粒は、粒のひとつひとつがわかる大きさだけれど、上になるほどひとつがわからなくなる。そのくらい小さくなるということかな。

じゃあ、にごっている部分は、粒がもっと小さいのかな。

そうかもしれない。さっきの石と砂のちがいは、この粒の大きさのちがいじゃないかな。ここに見えるような砂よりも大きいのが石で、目に見えないくらいなのは……粘土とか？

そうするとさあ、土は、石とか砂とか粘土とかが集まってできているのかな。

校庭の土

ダイズ畑の土

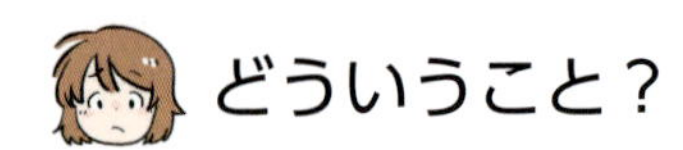

どういうこと？

土は、砂や粘土の粒が集まったもので、ほかにふくまれているものはないのかな？林には「穴のあいた落ち葉」や木の根っこがあったよね。あの葉っぱは、小さくなってどこへ行くんだろう……。

「葉っぱがもっと細かくなるとどうなるのか」だね。疑問は研究ノートに書いておこう！

私は砂と粘土の大きさの境目も気になるな。どのくらいの大きさで区切るんだろう。

そうだね。校庭の土はいちばん底の粒がほかより大きく見えるけれど、これも「砂」だし、畑や林の土の下の粒も「砂」なんじゃないかな。でも全体的には小さい粒が多い……。

区切ることができれば、それより大きい粒の量も調べられるんじゃない？

網みたいなのですくうとか？

それいい！　ちょっと私に考えさせて！

ねえ、土が水をためる量のちがいも調べられるかな。

さっき水が吸い込まれて入っていく感じだったよね。土に吸い込まれた水がどれだけたまるのか、はかれるかな。

植木鉢の底みたいに、かけた水が下から出るようにしたらどうかな？

いいね！　準備して、ツルグレンの結果を見る日にやってみよう！

7 土の中の生きものを観察する

土の中の生きものを見る

3人は、ツルグレン装置を使った生きものの観察のために集まりました。先生も様子を見にきてくれました。理科室の実体顕微鏡も使ってよいことになっています。

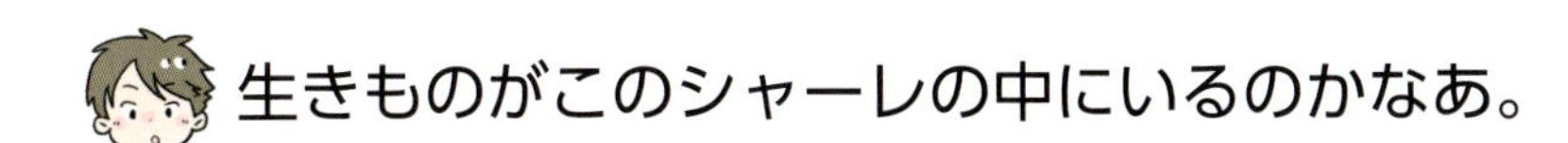

生きものがこのシャーレの中にいるのかなあ。

どんな生きものがいるんだろうね。でも、校庭の土にはあまりいないんじゃないかな。

楽しみだね。このシャーレの中を実体顕微鏡で見てみるよ。

実体顕微鏡で、さっそく生きものの観察を始めます。

おっ！　いるいる。

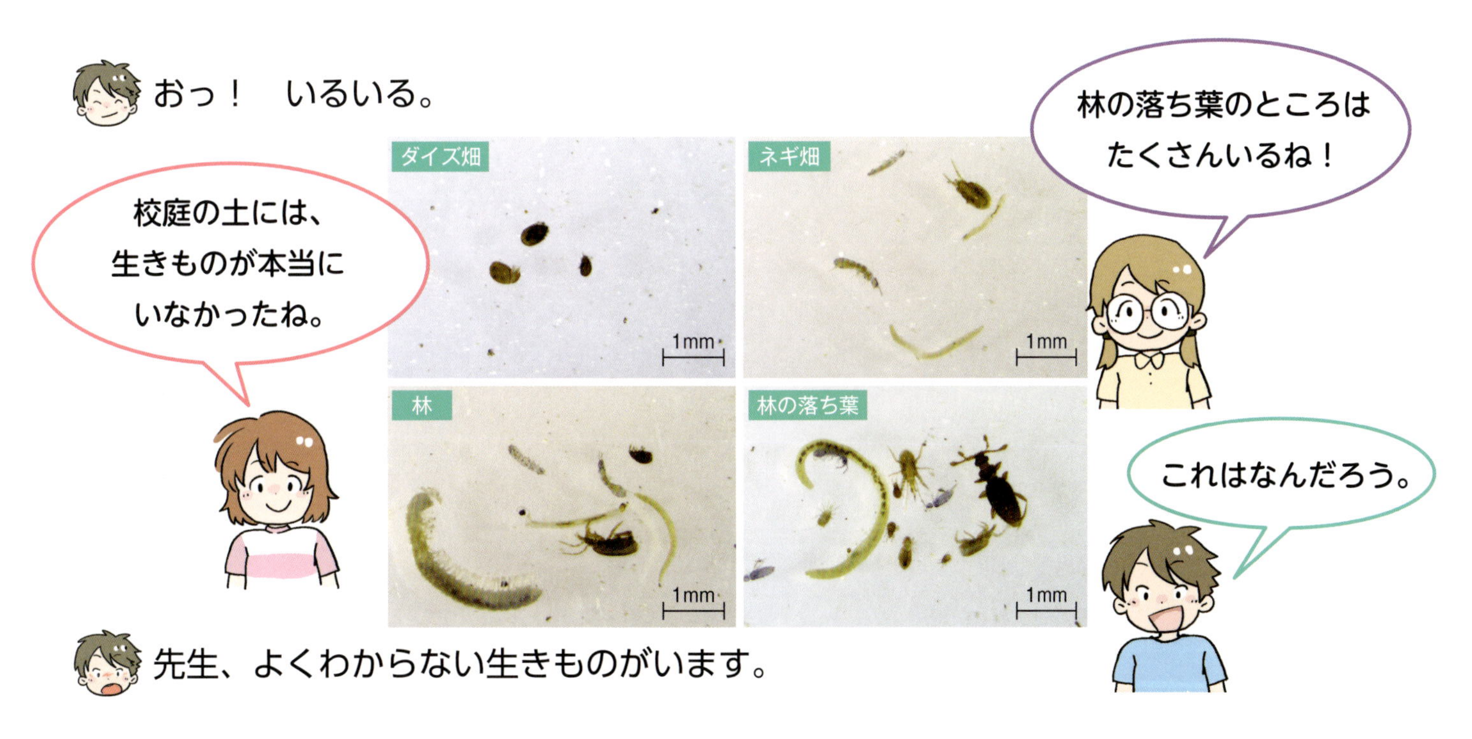

先生、よくわからない生きものがいます。

先生も、全部の生きものの名前はわからないから、この実体顕微鏡で見た様子を絵に描いて、後で調べてごらん。

8 新たな実験をする

土の粒を分ける

ヒナは、土を水の中でふるいにかけるようにして、粒の大きさを調べることを思いつきました。お父さんにも相談して、実験の方法を決め、必要なものをそろえました。

土の粒の大きさを分けて調べる

用意するもの 15cm×15cmほどのプランクトンネット※1（目開き〔目の細かさ〕0.05mm※2）4枚、輪ゴム4つ、深い紙皿4枚、スプーン、キッチンペーパー、はかり（0.1gまではかれるもの）、ボウル、バケツ、バット、タオル、水（水道水）、乾燥させた土

実験方法

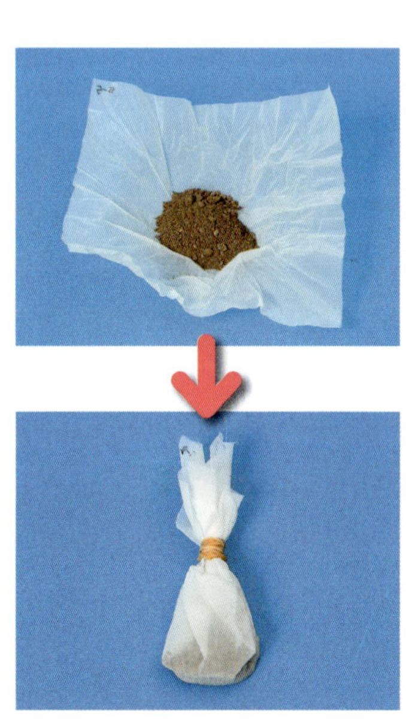

1. プランクトンネットと輪ゴムの重さをはかる。プランクトンネットには、土の採取場所がわかるように油性ペンで記入しておく。
2. スプーンで紙皿に土を入れながら、10.0gの土をはかる。
3. プランクトンネットに土をのせてくるみ、輪ゴムでしばる。
4. ボウルに水をはり、その中でプランクトンネットをもんで土を洗う。
5. 水を取り替え、にごらなくなるまで土を洗う※3。
6. プランクトンネットに包んだままの土をタオルでふき、バットに入れて、そのまま水気がなくなるまで乾かす。
7. 土が乾いたら、はかりでプランクトンネットと輪ゴムごとはかる。プランクトンネットと輪ゴムの重さを引いておく。

うまくいくかな？　ちょっとドキドキするね！

プランクトンネットを15cm×15cmに切るね。

なんだか実験に慣れてきた感じ！

※1 プランクトンネットは高価なので、学校や家族の人に相談しましょう。0.02mmのプランクトンネットもありますが、より高価になります。目の細かさが一定で、その大きさがわかっているものなら代用できます。

※2 アメリカの基準では0.05mm以上の大きさのものを砂と定義しています（砂の定義は36ページ参照）。

水の中で、しっかりプランクトンネットをもんで、細かい粒を洗い流すよ。

何度やっても茶色の水が出てくるよ！　粘土っぽいね。

林の土は、プランクトンネットの中にあまり残ってないよ！

洗った後に残った粒。校庭（左）、ダイズ畑（右）。

土を洗い終わった後は、タオルで水気をぬぐい、バットに入れます。そして１日かけて乾かします。

ネットに残った「粒」の重さは、土によってずいぶんちがうんだね。

プランクトンネットに残ったつぶの重さ

	校庭	ダイズ畑	ネギ畑	林
10g中の重さ（わり合）	7.4g（74%）	4.8g（48%）	4.2g（42%）	1.6g（16%）

土が水をためる量を調べる

３人は、さらに「土が水をためる量」を比べる実験をすることにしました。

どれがいちばんかな？

畑の土じゃないかな。

林の土だと思う。

さあ、土に水をかけて出てくる量を調べるよ。出てくる水の量が少ないほど、土の中に水をためられることになるね。
また、仮説を立てようよ。

畑の土が、いちばん水をためるような気がする！　畑の作物には水が必要だから。

私は、林の土だと思うよ。大きな木が生えるぐらいだから。

※3 ボウルの中の泥水はバケツに入れます。手洗い場所に直接流さないようにします。

土が水をためる量を調べる

用意するもの 2Lのペットボトル４本、500mLのペットボトル（水をかけるため）４本、ガーゼ４枚、カッター、深い紙皿４枚、スプーン、キッチンペーパー、はかり（キッチン用）、100 ~ 500mLのメスシリンダー（または計量カップ）、ペットボトルにつけるじょうろの先４つ（ホームセンターや100円ショップで売っている）、水（水道水）、乾燥させた土

実験方法

❶ 500mLペットボトル４本の上の方に、空気穴（➡）をあける。

❷ カッターで、2Lのペットボトルの上部を切る(切りづらいので、大人の人にやってもらう)。

❸ いったん湿らせたガーゼをよくしぼって、ガーゼをペットボトルにセットする。これを４本用意する。

❹ 紙皿をはかりにのせて０にし、乾燥させた土を200gずつはかる(大きな粒は指でつぶす)。

❺ ガーゼの上に、はかった土を入れる。ペットボトルに土を採取した場所を書く。

❻ 水200mLをメスシリンダーではかり、500mLのペットボトルに入れる。これにじょうろの先をつける。これも４本用意する。

❼ (できれば同時に) ゆっくりと水を土の上にかける(ペットボトルに水が残る場合は、じょうろの先を外して全部かける)。

❽ 水が落ちてくる様子を観察する。

❾ １時間後、落ちた水をメスシリンダーに移して、水の量をはかる。

1時間後

畑の土は
ゆっくりだね。

校庭の土は、
すぐに水が流れて
きた。

校庭　ダイズ畑　ネギ畑　林

あれ！
林の土が水を
はじいているよ！

注いだ水が出てくる速さは、土によってちがっていたね。畑は、両方とも校庭よりゆっくり水が出てきた。「たくさん水をためられる土」ということだね。

出てくる水の量もちがったね。校庭と林は、水がたくさん出たよ。

林の土は湿り気もあったのに、なぜ水がたくさん出たのかな？　水をためないはずはないと思うけれど。

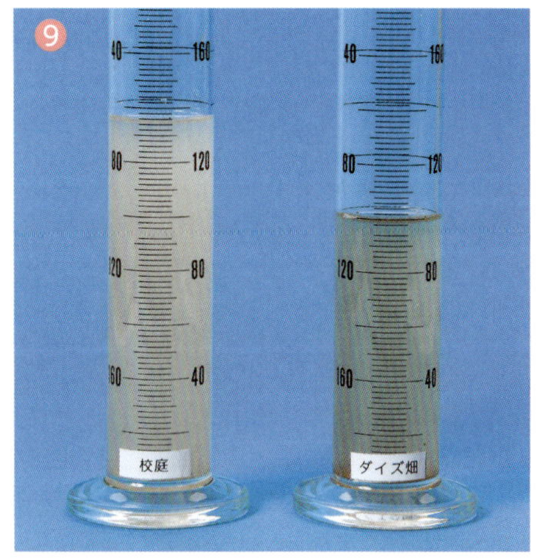

校庭（134mL）　ダイズ畑（98mL）

林の土は、実験中に水をはじいていたよ。実際の土は少し湿っているから、乾かしたのがよくなかったのかなあ。

3人は、湿らせた状態の土で、もう1回実験をやり直してみました。すると、林の土の水をためる量が増えました。

これで納得だね！

土が水をためる量

	校庭	ダイズ畑	ネギ畑	林
200gの土に200mLの水をかけて出てきた量	134mL	98mL	64mL	かわいた土 160mL しめった土 38mL
土に残った水の量（土100gあたり※）	33mL	51mL	68mL	かわいた土 20mL しめった土 81mL

※ 200gで行った実験が、100gあたりになるように、（200－出てきた水の量）÷2で計算しています。

実験や観察の結果を整理する

表にまとめる

3人は、研究ノートを見返して、今までの実験結果を表にまとめました。

実験の結果

調べたこと	校庭	ダイズ畑	ネギ畑	林
かたさ（はしを手でさす、または金づちで10回たたく）	4cm（金づち）	10cm（手で楽に入った）	10cm（手で楽に入った）	7～10cm（手で楽に入った）
しめり気（水のわり合）	4％	22％	30％	36％
重さ（100mLあたり）	145g	99g	90g	56g
つぶの大きさ（水の入ったペットボトルに入れてふり、目で観察）	●大きなつぶが多い ●大きなつぶと細かいつぶがはっきりわかれる	●目に見える大きなつぶは少ない ●上にいくほど、つぶがだんだん小さくなる ●植物のかけらがうく	●目に見える大きなつぶは少ない ●上にいくほど、つぶがだんだん小さくなる ●植物のかけらがうく	●目に見える大きなつぶは少ない ●上にいくほど、つぶがだんだん小さくなる ●全体のかさが大きい ●葉など、植物のかけらがたくさんうく
つぶの大きさ（ルーペで観察）	●大きなつぶが多い ●すなの色ははい色や白が多い	●小～大のかたまりがある ●よく見ると、キラキラした小さなつぶがある ●細い根がある	●ダイズ畑より小さなかたまりが多い ●かたまりは、すぐにこわれるものが多い ●細い根がある	●小～大のかたまりがある ●２つの畑よりも太い根がある
色（しめらせた土）	はい色	茶色	こげ茶色	こげ茶色
生きもの（ツルグレンそう置）	見つからない	4種類ほど	4種類ほど	●10種類ほどで数も多い ●落ち葉はさらに多い
あらって残ったつぶのわり合	74％	48％	42％	16％
土が水をためる量（土100gあたり）	33mL	51mL	68mL	かわいた土　20mL しめった土　81mL

校庭とそのほかの土は、ずいぶんちがっていたね。校庭の土はかたくて、重くて……。

畑は耕しているから軽いのかな？でも、林はどうかな。

林は生きものが多かったよね！葉っぱもいっぱいある。葉や根があるから、軽いのかな？

校庭の土は灰色で、砂の色みたいだったけれど、ほかの土は黒っぽいね。この黒い色はなんの色なのかな？

林の土の下の方は、茶色だったね。地面に近いところだけ、こげ茶色なのかな。畑では、下の方の土を見てないけれど……。

畑や林の土には、いろいろな大きさのかたまりがあったね。すき間に水がためられるのかな。

土の粒の大きさは、土によってちがうことがわかったね。どうしてちがうのかな？
粒の大きさと、土が水をためることができる量には関係があるのかな。

水をかけたとき、
土が水を吸い込む感じが
スポンジみたいだったよ。

スポンジと考えれば、すき間が
多いのも説明できるね。
林の土は軽かったね！

3人のところへ、先生がやってきました。

 いろいろな土を、うまく比べられているね。とてもおもしろいですよ。

 先生、実験の結果、土にはいろいろなちがいがありました。でも、その理由がうまく説明できるか、わかりません。これを、だれかに教えてもらえないでしょうか。

 それなら、知り合いに土の研究をしている博物館の人がいるから、聞いてみたらどうでしょう。その人に質問するお手紙を書いてごらん。

3人は、先生に紹介してもらった博物館の学芸員さんに、質問の手紙を丁寧に書きました。

10 専門家に質問する

しばらくしたある日、博物館の学芸員さんから丁寧な返事が届きました。

ユイさん、ヒナさん、ヒロトくん、こんにちは。このたびは、お手紙をありがとうございます。土の研究、がんばっていますね。すっかり感心してしまいました。

さっそくですが、いただいた質問にお答えしていきますね。

質問1　粒の大きさで、「石」「砂」「粘土」に分けられるのですか？　「砂」や「粘土」は、石が細かくなったものですか？

「石」「砂」「粘土」は、粒の「大きさ」で分けられています。土壌学では、2mm以上を礫（石）といい、土と区別しています。また、「土」にふくまれるのは2mm以下の粒です。その中で2mm ～ 0.02mmを砂、0.02 ～ 0.002mmをシルト、0.002mm以下を粘土といいます※。

自然にできる土は、もともとは、岩石や火山灰にふくまれる「鉱物」が細かくなった（風化した）ものがもとになっています。この風化は１千年～数万年、あるいはもっと長い時間をかけて進みます。粘土はもとの砂などが一度水に溶けてできた、とても小さな鉱物です。しかし、もとの鉱物から性質が変わったり、別のものになったりしています。

質問2　校庭の土は砂っぽく、ほかの土にはもっと細かい粒がありました。場所によってちがうのはどうしてですか？

土の中に、砂やシルト、粘土がどのくらいふくまれているのかは、もともとの岩石や火山灰などの性質と、風化の年月によりちがってきます。校庭の土は、水はけをよくするため人工的に調整したものを入れている場合が多く、砂が多いのかもしれません。

質問3　土は、「砂」などの粒のほか、葉など植物の小さくなったものも入っていますか？

林や森の土の中には、小さな生きもの（菌や細菌）がたくさんいて、落ち葉などを食べて「分解」しています。だから、落ち葉は積もり続けずに、いつの間にか消えてなくなります。落ち葉などが分解されると、一部は二酸化炭素になって空気中に出ていき、一部は目に見えない「有機物」として、砂や粘土にくっついて残っています。

石や砂は「無機物」で、植物や動物は「有機物」です。植物や動物が死んで土に還ったものを土の「有機物」と呼びます。目に見えないくらい「分解」されたものもふくみます。

※ 地学と土壌学で、また国によって「大きさ」の定義に少しちがいがあります。

質問4 **土の黒っぽい色は、なにが原因なのですか？**

土は、前の質問の答えに出てきた「有機物」があることで黒くなります。黒さの具合も、土がどんな材料でできているかで差が出ます。特に、火山灰がもとになっている土は、有機物をためる性質があるので、黒みが強くなります。

質問5 **「土は、水をどれだけためることができるか」を調べました。校庭の土よりも畑や林の土がよく水をためました。また、畑や林の土を観察すると、土の「かたまり」がありました。かたまりの間にすき間があって、土がスポンジのように水をためると考えてよいのでしょうか。土の粒の大きさは、水をためる量となにか関係があるのでしょうか。また、重さとも関係があるのでしょうか？**

とてもよいことに気づきましたね。土の粒は、砂や粘土がばらばらにあるのではなく、生きものの働きなどでくっつきます。それで、土の粒のかたまり（団粒）ができます。

植物の根や、土の中の生きものがふんをすることでできる有機物は、土の粒に結合したり、土の粒同士をつないだりする「のり」の役割をします。校庭の土にかたまりが少なかったのは、生きものの働きがほとんどないからだと思います。

土の中に大小のかたまりがあると、いろいろな大きさのすき間ができます。これがとても大切で、かたまりの中やかたまりとかたまりの間の小さなすき間には、実は水があります。土は乾いているように見えても、水があって、先ほどの微生物が生きていく場所になっています。もう少し大きいすき間には、別の生きものがいたり、水を通したりします。このようなすき間があることで、水はずっとたまることがなく、生きものたちに必要な空気（酸素）の通り道もできるのです。だから、さまざまな大きさの粒があることに加え、それらの砂や粘土、有機物がくっつき合って、かたまりをつくっていることが大切なのです。

校庭の土は、大きなすき間が多くて、小さなすき間があまりないのでしょう。水がさっと流れて、水をためる量も少ない結果になったのだと思います。すき間が多いと体積あたりの土は軽くなります。土にどのくらいのすき間があるか、調べてみるとおもしろいですよ。

土の性質は、「土の材料がなにか」ということと関係している場合があります。土のもとになる岩石の種類や風化の時間によって、砂や粘土の量や土の性質がちがってきます。

国立科学博物館には、さまざまな土が展示してありますよ。研究の参考になるかもしれませんから、行ってみてはどうでしょうか。

3人は感激しながら手紙を読みました。

国立科学博物館に行こうよ！

11 国立科学博物館へ行く

3人は、ユイさんのお母さんと国立科学博物館へ行ってみました。

土にも標本があるなんて知らなかったよ！
土の層の標本を「モノリス」というんだって。

展示室に入ります。

国立科学博物館、日本館３階に展示されているモノリス。

うわあ、赤い土！
こんな色もあるんだね！

やっぱり上の方は黒いね。

林では、調べた場所の上の土と下の土の色がちがっていたよ。土は、下の方にも続いているんだね。

田んぼの土もあるよ！
粘土が多いみたいだ。

なんとなく手ざわりがわかる気がする……。

こんなに黒い土もあるんだね。これが「火山灰」でできた土かあ。

こんなにたくさんの色があるなんて知らなかったね。

土の色のちがいや、土の深さなど、参考になることがたくさんありました。

12 調べたことをまとめる

3人は研究の結果（けっか）を、ポスターにしてまとめることになりました。

テーマ「校庭の土と畑・林の土にはどのようなちがいがあるのか」

研究者：ユイ、ヒナ、ヒロト

1 動機： 校庭と花だんで草の生え方にちがいがあった。その理由は、土のちがいにあるのではないかと考えた。そこでふだんは見えない土のちがいが知りたいと思った。

2 目的： 校庭の土、畑の土、林の土では、どのようなちがいがあるのかを調べること。それはなぜか、草の生え方と関係があるのかを考えること。

3 調べた日： ○月○日～○月○日

4 調べた場所： ○○小学校校庭、○○小学校近くのダイズ畑・ネギ畑、自然観察センターの林

5 結果：

		校庭	ダイズ畑	ネギ畑	林
フィールド	かたさ（はしを手でさす、または金づちで10回たたく）	4cm (金づち)	10cm (手のみ)	10cm (手のみ)	7～10cm (手のみ)
フィールド	手ざわり	ざらざら	しっとり、ぼろぼろした感じ	しっとり、ふかふか	しっとり、ふかふか、にゅるっとなる
フィールド	におい	におわない ほこりっぽい	しめっぽいにおい	におわない	キノコのにおい
	しめり気(水のわり合)	かわいている（4%）	少ししめっている(22%)	しめっている（30%）	しめっている（36%）
室内実験	重さ(100mLあたり)	145g	99g	90g	56g
室内実験	つぶの大きさ（水の入ったペットボトルに入れてふり、目で観察）	●大きなつぶが多い ●大きなつぶと細かいつぶがはっきりわかれる	●目に見える大きなつぶは少ない ●上にいくほど、つぶがだんだん小さくなる ●植物のかけらがうく	●目に見える大きなつぶは少ない ●上にいくほど、つぶがだんだん小さくなる ●植物のかけらがうく	●目に見える大きなつぶは少ない ●上にいくほど、つぶがだんだん小さくなる ●全体のかさが大きい ●葉など、植物のかけらがたくさんうく
室内実験	つぶの大きさ（ルーペで観察）	●大きなつぶが多い ●すなの色ははい色や白が多い	●小～大のかたまりがある ●よく見ると、キラキラした小さなつぶがある ●細い根がある	●ダイズ畑より小さなかたまりが多い ●かたまりは、すぐにこわれるものが多い ●細い根がある	●小～大のかたまりがある ●2つの畑よりも太い根がある
室内実験	色（しめらせた土）	はい色	茶色	こげ茶色	こげ茶色
室内実験	生きもの（ツルグレンそう置）	見つからない	4種類ほど	4種類ほど	●10種類ほどで数も多い ●落ち葉はさらに多い
室内実験	あらって残ったつぶのわり合	74%	48%	42%	16%
室内実験	土が水をためる量（土100gあたり）	33mL	51mL	68mL	かわいた土 20mL しめった土 81mL

6 まとめ：

校庭

ダイズ畑

ネギ畑

校庭の土

かたい、はい色っぽい、
ざらざらしている

畑の土や林の土

やわらかい、黒っぽい、
しっとり、ふかふかしている

●ペットボトルをふってみた

つぶ
小さい
大きい

●大きいすなのつぶのわり合

＊0.05mmのネットを通らなかったすなの重さのわり合

校庭
すな **74%**

ダイズ畑
すな **48%**

ネギ畑
すな **42%**

林
すな **16%**

かたまりができている！

つぶの写真

0.05mmより大きい　0.05mmより小さい

土のひみつ❶

土には、いろいろな大きさの「つぶ」がふくまれている。

大きい ― 小さい

すな ― シルト ― ねん土

教えてもらって わかった！

これらは、岩石や火山ばいが風化したもの。

土のひみつ❷

土の中は、生きものがいっぱい。

生きものたちは、落ち葉などの植物のかれたものや、ほかの生きものを食べている。キノコの根のようなものもあった。

ワラジムシ（林）

ササラダニ（林・畑）

キノコのきん糸（林）

教えてもらってわかった！

生きものが落ち葉を食べると、土の「有機物」（かれた植物やそれらが分解されたもの）になる。目には見えないけれど、たくさん有機物があると土が黒っぽくなる。

土のひみつ❸

生きものが出した「ふん」や、分解した有機物が「のり」の役目をして、すなやねん土などをくっつけて、「かたまり」をつくる。

これがかたまり

すなやねん土などの「無機物」と「有機物」でできたものだった！

土の「かたまり」がうまくできると、土の中にいろいろな大きさのすき間ができ、軽くなる。すき間には水をためることができる。

土100gがためた水の量 ▶

校庭	ダイズ畑	ネギ畑	林
33mL	51mL	68mL	81mL

7 結ろん：

校庭の土と畑や林の土は、土のかたさや重さ、色、つぶの大きさと、生きものがいる・いないに大きなちがいがあった。畑や林の土は、校庭の土と比べて、かたまりのでき方や水をためる量にちがいが見られた。これらのことが草の生え方のちがいに関係していると考えられた。

8 課題（今後、取り組みたいこと）：

- 土と草の生え方の関係を、自分たちで実験してみて確かめたい。
- 土の中の生きものについてもっと調べたい。び生物などの小さな生きものが、土の中でなにをしているのかを調べたい。
- どこにどんな土があるのか、田んぼの土やほかの土の深いところを調べたい。

13 みんなに伝える

今日は、自由研究の発表会。3人は、ポスターをもとにみんなの前で発表しました。

では、これから自由研究の発表をします。
私たちのテーマは、「土のちがいを調べる」です。

クラスの友だちからは、たくさんの質問が出ました。

いちばんおもしろかったのは、どんなところですか？

実験を進めながら、疑問や新しい実験が増えていくのがおもしろかったです。土はどれも同じだと思っていたので、新しい発見でした。また、専門家の人に手紙を書いて、教えてもらったら、調べたいろいろなことがつながってすっきりしました。

いちばん苦労したのは、どんなところですか？

ひとつひとつ丁寧に土の重さをはかったり、実験をきちんと進めたりするのが苦労したところです。

研究をしてみてよかったことは、なんですか？

どうやって実験をするか、3人でよく考えてアイデアを出しながら進められたのがよかったです。ちえを出し合えてわくわくしました。

発表の最後は、大きな拍手をもらいました。先生は、にこにこしながらその様子を見守っていました。

14 研究に大切なこと

3人と先生は、発表が終わったあと、観察や実験に使った道具の片づけをしながら話をしました。

 発表がうまくいってよかったね。

 がんばったかいがあった！

 最初は、なにから始めたらいいのかもわからなかったけれど、畑や林に行ったり、観察や実験を考えて進められたりして、おもしろかったなあ。

 土って、今まで気にしたことがなかったから、ちがいがあるなんて全然わからなかった。でも、手ざわりがちがうとか、砂や粘土の量がちがうとか、土の中にはたくさんの生きものがいることなどがわかって、土がぐっと身近になったよ。

 そうね。「知る」ことは大切だと思うわ。
先生は、大学の先輩にキノコ好きの人がいて、教えてもらいながら森を歩いたの。そうしたら、今まで気づかなかったキノコが目に入るようになった。同じところを歩いていたのにね。そのときに、「知る」って、大事なことだと感じたのよ。

 そうなんですね。ぼくも、博物館に行ってみたら、いろいろな土があってびっくりしました。もっと実際に見てみたいなと思いました。

 そうだね。土はどこにでもあるのに、いままでは見ていなかったものね。

 どこにでもある……。そうだ！　月にも土はあるのかなあ。

 月に?!　でも、月には生きものがいないから、土もないんじゃないの？

そうかー。もし地球に土がなかったら、どうなるんだろう？

土がなかったら……。ダイズやネギも育たないし、林もない……。

それは、困ったことになりそう。

宇宙まで行かなくても、たとえば外国にもいろいろな土があるんだろうな！

巨大なミミズがいたりして！

興味がつきないね！
先生も、改めて土に興味がわいちゃったわ。自然の中には、わからないことがたくさんあって、確かめにくいこともある。でも、まずは、みんなに、これからもいろいろなことに興味や疑問をもってもらいたいな！
今回は、土に疑問をもって、観察から始まって、比べるためのモノサシを考え、仮説を立てながら実験をして、自分たちでよく考えて、土のちがいを見つけようとしたね。とてもよかったと思うよ。また、新たな疑問が出てきたら、自分で調べ、考えて、答えを出していってね。「科学のタネ」は、身近なところにありますよ。

はーい！

おうちの方へ：

「土」は、「材料」として捉えられることがあります。たとえば、本にも出てくる「校庭の土」は、子どもたちが走り回り、飛び跳ねても、けがをすることのないように考えられています。また、水はけがよいように準備されています。しかしながら、「土」を自然の中の一部分として考えると、その本質は「生きものを育む能力をもつ」ところにあります。土は、陸上の動植物などの生きものが「還る」場であり、そこからまた新しい植物が芽生え、命が循環するのです。農業は、その自然の土の力を利用して行います。

土を調べることは難しく思えるかもしれませんが、少しずつ「知る」と、きっと身近に感じることができるでしょう。土を含む自然の中のさまざまな事象に、子どもたちとともに目を向けてみてください。自然界の奥深い広がりが見えるかもしれません。

フィールドノート（野外観察の研究ノート）のとり方

○月○日（○）記録者：ユイ　指導者：谷先生

★野外調査での基本情報の記録

野外で調査を行う際には、基本情報や気づいたことなどを書きます。研究対象とは直接関係がないように思えることも、情報として記入しておきましょう。今回は土の調査を中心に考えますが、ほかの野外調査にも共通することがあります。

★フィールドノートに書くこと

①**日付**：○○○○年○月○日（○曜日）

②**調査者**：だれが調査をしたのかがわかるように名前を書きます。

③**位置情報**：最近はスマートフォンでも地図情報が出るので、調査地点がわかりますが、調査地点がふくまれている地形図を持っていくのがよいです。地形図からは、標高や地形、植生（針葉樹、広葉樹など）なども読み取ることができます。地形図に調査地点の正確な位置を記しておきます。緯度（いど）・経度がわかれば、それも記入しておくとよいです。

④**植生**：地形図からある程度の情報を得られますが、森や林では周囲の植物、畑ならばなにが植えられているかなど、植生の情報を書いておきます。

⑤**方角**：調査地点にかたむきがある場合は、しゃ面の向きを記録しておきます。

⑥**天気**：調査した日の天気を書きます。

⑦**写真さつえい**：周辺の様子を記録するために、写真をとっておきます。

⑧**その他、気づいたこと**：たとえば、地面がくずれている、動物が通ったあとがある、特定の虫が多かったなど、気になったことはすべて書いておきます。

★土の調査について

土の調査を行う場合、「断面調査」といって土の横顔を記録します。

どんなことを調査するのか、少しだけしょうかいします。

①「土の層（そう）」の記録。土はいちばん上の層（そう）が黒く、下が茶色になっているなど、色や手ざわりで分けることができます。いちばん上から○cm、次の層（そう）は○～▲cmなど、深さを記録します。

②色、手ざわり、しめり気、根の量、構造（どのような土のかたまりがあるか）などを、「土の層（そう）」ごとに記録します。

林の土の断面の写真

キーワードさくいん

用語・実験

道具・材料

著者

森 圭子（もり けいこ）

大阪府生まれ。埼玉県在住。子どものころから自然環境や生きものの相互関係に興味を持ち、英国のLancaster大学でEcologyを専攻した。京都大学大学院で森林土壌を研究し、博士号を取得。現在は埼玉県立川の博物館で学芸員として勤務し、土壌教育の普及活動にも取り組んでいる。(一社）日本土壌肥料学会、日本ペドロジー学会、日本森林学会会員。

取材・撮影協力（敬称略）

江戸川区立西一之江小学校（校長　林田篤志）
杉並区立杉並第十小学校（校長　山口京子）
多摩市立連光寺小学校（校長　棚橋乾）
埼玉県自然学習センター（北本自然観察公園）
独立行政法人 国立科学博物館
埼玉県立川の博物館
田中惣次（田中林業株式会社）
平山良治（埼玉県立川の博物館）
田中治夫・光田侑子・村上千晶（東京農工大学農学部土壌学研究室）
吉田勇
松永由美
青木大知・澤田桃花・森夫紗子・柳瀬ひなの

写真提供

江戸川区立西一之江小学校（p.7）

- **編集**：ニシ工芸株式会社（高瀬和也、佐々木裕）、
  四谷教材編集室（青木こずえ）
- **撮影**：森圭子、後藤祐也、森建吾
- **イラスト**：みょうが
- **デザイン・DTP**：ニシ工芸株式会社（西山克之）
- **校正**：石井理抄子
- **編集長**：野本雅央

科学のタネを育てよう④
物語でわかる理科の自由研究
校庭の土と畑の土はどうちがう

2018年12月25日　初版第１刷発行

著　者　森圭子
発行人　松本恒
発行所　株式会社　少年写真新聞社
〒102-8232　東京都千代田区九段南4-7-16
市ヶ谷KTビルⅠ
TEL　03-3264-2624　FAX　03-5276-7785
URL　http://www.schoolpress.co.jp/
印刷所　大日本印刷株式会社
製本所　東京美術紙工

ISBN　978-4-87981-653-5　C8340　NDC407